LES

CERFS FOSSILES

DU

PARC DE JEAND'HEURS

LES
CERFS FOSSILES

DU

PARC DE JEAND'HEURS

NOTICE GÉOLOGIQUE

PAR

A. FILLEMIN
Sous-Préfet en disponibilité

PARIS

IMPRIMERIE JULES BONAVENTURE

55, Quai des Grands-Augustins, 55

1870

A M. Léon Rattier

AU CHATEAU DE JEAND'HEURS (MEUSE)

Permettez-moi, mon ami, de vous dédier cette notice. A défaut de la science que je n'ai pas et des connaissances spéciales qui me manquent, vous y trouverez du moins un témoignage de mon intérêt

pour tout ce qui se rattache à Jeand'heurs,
et une preuve du plaisir que j'éprouve à
en signaler les moindres mérites.

Mes vœux seront satisfaits si j'ob-
tiens ce résultat, car c'est à mes yeux le
seul prix de ce petit travail.

A. FILLEMIN.

Paris, 25 juin 1870.

CERFS FOSSILES

DU PARC DE JEAND'HEURS

Une découverte qui intéresse à la fois la géologie et la paléontologie de l'arrondissement de Bar-le-Duc (Meuse) vient d'être faite dans le parc de Jeand'heurs, ancienne résidence du maréchal Oudinot, qui appartient aujourd'hui à M. Léon Rattier. En creusant une large tranchée destinée à la fois à ouvrir une nouvelle perspective sur les coteaux boisés qui bordent l'horizon et à fournir les terres nécessaires au comblement des fossés qui entourent le château, les ouvriers ont mis à jour de nombreux fragments de bois de cerfs fossiles et quelques ossements ayant, suivant toute apparence, appartenu à ces animaux. Cette découverte m'ayant semblé digne de franchir l'enceinte du parc, à raison de la lumière qu'elle jette sur la constitution géologique et sur l'ancienne faune de la vallée de la Saulx, j'ai essayé d'en rendre compte dans cette notice, et de donner en même temps un aperçu des questions que soulèvent les découvertes de cette nature.

—⁓—

I

Les débris dont nous allons nous occuper se trouvaient noyés dans un banc de
tuf hydrothermal d'une faible densité et
mêlé d'une grande quantité de débris organiques décomposés. Ce banc repose lui-
même sur un lit de sable calcaire, léger,
friable et sans cohésion. Il offre un front
vertical d'un mètre à un mètre cinquante

centimètres de hauteur, et présente, dans son intérieur, de fréquentes solutions de continuité formant parfois d'assez larges cavités dans lesquelles des suintements séculaires ont donné naissance à des stalactites de toute dimension et de toute forme. Ce sont autant de petites grottes, étroites, hermétiquement closes à la partie supérieure, de l'aspect le plus varié et le plus capricieux. Au-dessus du banc de tuf vient immédiatement une épaisse couche de terre végétale. La puissance de ces bancs est très-variable, et la hauteur totale des trois formations réunies est d'environ trois mètres.

Les fragments recueillis, brisés d'abord
et disperssés par les ouvriers, ont permis
néanmoins de reconnaître les restes de
deux ou trois cerfs, dont l'un, remarquable par sa taille élevée, appartenait peut-
être à l'espèce dite grand cerf d'Irlande,
dont les débris nombreux servent à classer
les races humaines dont elle était contem-
poraine.

Considérée sous cet unique aspect, la
découverte faite chez M. Rattier ne fait
que confirmer ce que nous savions déjà
sur la faune du département de la Meuse.
Personne n'ignore, en effet, que cette par-

tie de l'ancienne province de Lorraine était autrefois couverte d'immenses forêts, dont celle de Trois-Fontaines est un des plus magnifiques restes. Les fragments dont nous nous occupons ayant été trouvés au pied du coteau dit du Champignon, à quelques mètres des bords de la Saulx, il est probable que la rive gauche de cette rivière était le point où venaient autrefois se désaltérer les grands ruminants de la contrée. Ils durent s'y perpétuer longtemps encore après la conquête des Gaules par Jules César, et ce n'est guère qu'aux xie et xiie siècles de notre ère que les grandes chasses organisées par les seigneurs féodaux anéantirent, en Lorraine comme dans les autres parties de l'Europe, les grands herbivores qui s'y trouvaient encore à l'état sauvage.

Mais si, adoptant un autre point de vue, on porte son attention spéciale sur la roche au sein de laquelle les fragments ont été découverts, on se trouve en présence de questions bien autrement intéressantes, et la première qui s'offre à la pensée est celle de l'âge relatif des couches contenant les débris.

Il convient d'abord d'écarter la période quaternaire, trop ancienne, à mon avis, et

de ne voir dans la roche qui nous occupe
que des terrains appartenant à *l'alluvium*
ou terrain de nouvelle formation. Ces terrains sont produits par des stratifications
analogues aux dépôts, alluvions et préci-
pités que nos fleuves et nos rivières accu-
mulent siècle par siècle à leurs embou-
chures et sur leurs rives. Cette période
géologique confine immédiatement à l'é-
poque du *diluvium,* dénomination devenue
impropre, mais que sa consécration ancienne et universelle a fait conserver.

La période de *l'alluvium* suppose essentiellement une disposition générale de la

surface du sol semblable à celle que nous voyons de nos jours; toutefois, elle comporte en même temps des différences sensibles résultant de causes antérieures continuées pendant une longue suite d'années. A cette époque, l'action érosive des intempéries n'avait pas encore produit ses effets sur les inégalités de la croûte terrestre. Les montagnes étaient plus élevées, leurs arêtes plus vives, leurs flancs irréguliers et abruptes. D'un autre côté les vallées étaient plus profondes; les rivières, non encore encaissées, couvraient leurs larges lits d'un capricieux réseau de cours d'eau et débordaient à chaque crue. Le long pli

de terrain au fond duquel coule la Saulx
ne faisait pas exception à cette disposition
universelle, et nous verrons plus tard que
des eaux thermales abondantes, mêlées à
celles de la rivière, rendirent longtemps
toute végétation impossible sur ses rives
et sur les coteaux qui la bordent.

Armés de ces renseignements généraux,
dont nous aurons bientôt l'occasion de
constater l'exactitude, montons sur le
talus formé par le creusement de la tranchée ; faisons face à la Saulx, et arrêtons-
nous devant ces larges blocs de tuf que
viennent de détacher les ouvriers, non loin

des lieux où les fossiles ont été découverts.

Du haut de cet observatoire géologique,
nous assisterons par la pensée à l'action à
la fois destructive et créatrice des siècles ;
nous verrons la nature à l'œuvre, nous
essayerons de comprendre ses procédés, et
nous ne la quitterons que lorsqu'elle nous
aura livré le secret de ces antiques débris
qu'un coup de pioche vient de rendre ino-
pinément à la lumière.

II

Bornés dans nos recherches par l'impos-
sibilité d'interroger les terrains placés en
contre-bas du sol de la nouvelle chaussée,
nous prendrons pour point de départ ce
sol lui-même, et, en cherchant à nous
rendre compte du mode de formation des
trois mètres de terrain qui le recouvraient,
nous nous trouverons du même coup édi-

2.

fiés sur l'origine et l'âge relatif de nos fossiles.

Un premier coup d'œil jeté sur la coupe
verticale du talus au sommet duquel nous
sommes placés nous a déjà permis de reconnaître que nous avons ici sous les yeux
trois formations distinctes. La première,
la plus profonde et par conséquent la plus
ancienne, est un sable calcaire de couleur
blanchâtre, léger, grenu, et s'écrasant fa-
cilement sous les doigts. Tout annonce
que ce sable a été produit par les sources
thermales dont la contrée était alors couverte, et qui venaient mêler aux eaux

relativement limpides de la rivière leurs eaux chargées de dépôts. Ces sources devaient avoir, à l'origine surtout, une température très-élevée, car les sables sont d'une pureté remarquable, et ils attestent qu'à cette époque l'intensité de la chaleur tenait éloignés d'elles les animaux et les végétaux dont les débris en eussent altéré la blancheur (1). Cette haute température avait en même temps pour effet de tenir

(1) On rencontre, il est vrai, quelques coquilles mêlées à ces sables ; mais ces coquilles, originaires des affluents d'eau froide qui se confondaient avec les eaux thermales, avaient été charriées par les crues au milieu des couches sédimentaires.

en dissolution les sels contenus dans les eaux, et elle ne laissait dans le lit de la rivière qu'un sable nu et désagrégé. Faute de données suffisantes sur l'épaisseur du banc que nous foulons, nous ne pouvons avoir aucune idée du laps de temps qu'exigea cette première formation ; mais il dut être considérable, puisqu'elle ne put prendre fin qu'à la suite du refroidissement graduel des sources sédimentaires, refroidissement dont nous allons suivre la marche et constater les résultats.

On a déjà compris que ce n'est pas dans cette première formation que pouvaient se trouver les restes de nos cerfs. Les eaux thermales qui inondaient le pays laissaient échapper des vapeurs intenses auxquelles se mêlaient, suivant toute probabilité, des émanations sulfureuses ; et l'absence à peu près complète de végétaux dans ces parages tenait à distance le peu d'animaux qui eussent pu se diriger de ce côté. Cependant si nous examinons avec attention les derniers dépôts de ce banc dont nous ne pouvons mesurer la profondeur, il est impossible de ne pas remarquer qu'à quelques centimètres du sol une modification s'est opérée dans leur composition. Peu à peu, les sables sont devenus moins purs,

moins friables; ils ont une disposition vi-
sible à s'agglomérer, et en même temps
nous voyons apparaître des débris organiques qui, rares d'abord, augmentent et
se multiplient en raison directe de la ten-
dance de la roche à prendre de la consis-
tance. Encore quelques centimètres, et le
phénomène aura accompli son évolution
entière : le sable pur et homogène aura
fait place à un tuf hétérogène chargé de
matières étrangères.

Que s'est-il donc passé dans notre vallée
pendant cette période relativement assez
courte? — Un fait bien simple et dont les

lieux mêmes vont nous donner l'explica-
tion. Par suite du refroidissement général
de notre planète, ou plutôt de quelque
modification survenue dans le coin de
l'écorce terrestre dont nous nous occupons, les eaux thermales qui, par leur
température élevée, bannissaient loin
d'elles animaux et végétaux, ont vu leur
chaleur diminuer, passer à l'état normal,
et, par suite de cette révolution, une flore
et une faune dont nous n'avions pas encore
trouvé trace ont pu naître en ces lieux,
s'y développer et donner la vie à une contrée exclusivement vouée jusque-là au
monde inorganique. Les coteaux se sont

gazonnés, les grands végétaux ont gagné les bords de la rivière, les eaux sont devenues potables. Nos ruminants peuvent désormais paraître : ils ont des graminées pour se nourrir, des dômes de verdure pour s'abriter, des eaux fraîches pour se désaltérer ; et c'est bien ici, en effet, que nous ne tarderons pas à les rencontrer.

III

Les siècles ont passé ; la pioche vient
d'accomplir son œuvre révélatrice, ra-
mures et ossements ont revu la lumière du
jour. Nous avons sous les yeux les restes
des précurseurs de l'homme dans ces con-
trées, et pour peu que l'on ait suivi les
terrains dans leur développement graduel,
on demeure convaincu que les débris

exhumés ne pouvaient appartenir qu'aux premières générations des animaux qui se sont aventurés sur ces rives. Cette circonstance donne à nos fossiles un intérêt de plus, et M. Rattier doit s'estimer heureux de pouvoir offrir aujourd'hui l'hospitalité d'une vitrine à la dépouille de ceux qui, bon nombre de siècles avant qu'il vînt en prendre possession, avaient découvert le coin prédestiné où devaient se dérouler un jour les gracieuses perspectives du parc de Jeand'heurs.

Entraînés par les eaux et disséminés dans le lit de la rivière, les restes des animaux qui avaient trouvé la mort sur ses bords s'arrêtèrent sur le premier point où ils trouvèrent quelque résistance; d'autres dépôts survinrent et les recouvrirent, et la dépouille mortelle de ces premiers habitants de Jeand'heurs sembla ensevelie à jamais au sein de ces roches dont, pendant de longs siècles, on n'avait même pas soupçonné l'existence.

Cette formation finit assez brusquement. A peine les concrétions sédimentaires ont-elles atteint la hauteur d'un mètre à un mètre cinquante centimètres, qu'elles s'arrêtent à leur tour pour faire

place à un humus ou terre végétale carac-
térisée par la présence de petits cailloux
anguleux et une couleur rougeâtre qui
atteste la présence du fer.

Nous sommes arrivés à la troisième et
dernière formation, celle de l'*alluvium*, et
c'est elle que nous allons maintenant étudier. Désormais, plus de trace de rivière,
plus de dépôts hydrothermaux, plus de
concrétions calcaires. Le terrain qui vient
d'apparaître nous est connu : c'est le sol
que nous foulons chaque jour; c'est le
plancher solide que tapissent nos cultures
et qui porte nos villes, tandis que sur

d'autres points de l'écorce terrestre, fleuves et rivières, mers et lacs, poursuivent avec une persévérance qui ne se relâche jamais l'œuvre de stratification qui s'accomplissait jadis en ces lieux.

Cette dernière formation, si éminemment distincte des deux premières, a une origine que l'examen des lieux va encore nous révéler.

S'il nous avait été donné d'assister *de visu* à la naissance des dépôts primitifs qui portent les sédiments que nous avons pris pour point de départ, nous aurions vu les

3.

eaux destinées à fournir la matière de ces premiers dépôts s'échapper bruyamment des entrailles de la terre sous la forme d'épais nuages de vapeur. Plus tard, à la faveur d'un refroidissement insensible mais continu, nous aurions assisté à la transformation de ces vapeurs en eaux thermales, puis, de ces eaux thermales en eaux froides ; et peut-être n'eût-il pas été téméraire d'annoncer, dès cette époque, qu'à la suite de cette diminution incessante de calorique, la force ascensionnelle des eaux s'épuiserait inévitablement, et qu'un jour viendrait où les sources elles-mêmes finiraient par tarir et disparaître.

C'est, en effet, ce qui arriva. Que ce résultat ait été amené par des causes lentes et naturelles ou par quelque cataclysme souterrain local, il n'en est pas moins démontré par l'examen de nos terrains qu'à un moment donné les sédiments aqueux cessent de se montrer. Tout change alors autour de notre rivière, réduite cette fois aux sources limpides provenant des réservoirs naturels cachés dans les montagnes. C'est pendant cette période que, renfermée peu à peu dans les limites qu'elle ne doit plus quitter, la Saulx abandonne le pied des coteaux qui la dominent, se retire dans les parties les plus basses de la vallée et se creuse un lit définitif; son action se trouve désormais bornée au dépôt de quelques vases fécondantes lorsque l'abondance de ses eaux lui fait franchir ses berges.

Mais une action en sens inverse bien autrement puissante s'exerce alors sur toute la longueur de la vallée. Ces coteaux, nus et sans végétation à l'époque où se formaient les dépôts hydrothermaux, se sont insensiblement revêtus de gazons, d'arbustes, de forêts, et leurs détritus ont recouvert d'un sol riche et fertile le tuf calcaire primitif. Chaque année, la gelée, le dégel, les pluies torrentielles, arrachent aux pentes voisines terres, cailloux et débris de toute espèce. Ces matières, toujours entraînées vers la rivière, ne l'atteignent que bien rarement, et c'est ainsi qu'au-dessus des premiers terrains déposés par la Saulx s'est formé un banc de terre végétale enlevée aux collines qui la bordent. Ce banc atteint parfois un mètre de puissance, et l'on ne s'étonne plus dès lors de trouver dans les beaux arbres exotiques qui peuplent le parc de Jeand'heurs, une sorte de révélation de la splendeur des végétations tropicales.

IV

Telle est, sous une forme aussi brève et aussi peu scientifique que possible, l'histoire des cerfs fossiles trouvés dans le parc de Jeand'heurs. L'état de pétrification de ces débris mériterait bien aussi de nous occuper pendant quelques instants ; mais c'est là un phénomène d'un ordre particulier, et qui ressort du domaine de la chimie plus encore que de celui de la géologie.

Nous avons du reste ici sous les yeux deux témoignages intéressants des effets variés que peut produire sur les corps un long séjour sous les eaux. Ces effets, essentiellement distincts et qu'il faut bien se garder de confondre, sont la pétrification proprement dite et l'incrustation. La première est un phénomène très-complexe; son accomplissement est soumis à des conditions toutes spéciales de temps, de milieu, de matière, et ces conditions se trouvent assez rarement réunies. Il y a en outre plusieurs sortes de pétrifications, suivant la base minérale qui domine dans les eaux où s'exercent les actions chimiques, et autre chose sont les pétrifications à base siliceuse, par exemple, comme celles de la forêt pétrifiée du Caire, et les pétrifications à base calcaire comme celles que nous avons rencontrées ici. Dans tous les cas, la nature agit de la même manière et emploie les mêmes procédés. Placées hors des atteintes destructives de l'air et condamnées à une existence plusieurs fois séculaire, les parties dures des corps immergés se pénètrent profondément des liquides qui les pressent de toutes parts. Secondés par l'action lente mais irrésistible des siècles, ceux-ci se glissent dans l'intérieur des corps, s'infiltrent à travers leurs pores les plus ténus et y déposent leurs principes actifs. Chaque molécule, végétale ou animale, se trouve insensiblement remplacée par une molécule minérale, et quand les siècles accumulés ont rendu la transformation complète, les corps ont passé d'un règne à l'autre sans avoir subi d'altération dans leur forme. C'est, en un mot, un embaumement minéral à perpétuité.

Mais il s'en faut de beaucoup que tous les objets enfouis dans les eaux se prêtent à la transformation de substance qu'exige la pétrification proprement dite. Dans un milieu de la nature de celui où se trouvaient engagés nos cerfs, ces objets tombent presque toujours sous le coup de l'inscrustation, opération physico-chimique, infiniment plus simple et plus facile à comprendre que la première. Tandis que celle-ci agit de l'extérieur à l'intérieur, la seconde procède de l'intérieur à l'extérieur, et toutes les concrétions qui tapissent les cavités, forment les stalactites et offrent les aspects variés dont il a été parlé au commencement de cette notice, ne sont elles-mêmes qu'une vaste accumulation d'incrustations, accumulation doublement favorisée par l'abondance des matières charriées par les eaux et la quantité des débris organiques qui s'y trouvaient mêlés.

Les sources incrustantes étaient très-nombreuses autrefois à la surface du globe, notamment dans l'est de l'Europe, et les divers étages de stratification dont se compose la croûte terrestre en offrent de fréquents témoignages. L'Allemagne et les anciens cratères des volcans de l'Auvergne possèdent encore des spécimens justement célèbres de ces laboratoires souterrains, et ils nous permettent d'assister en petit aux phénomènes qui s'accomplissaient ici sur une grande échelle.

L'incrustation, on le sait, ne se produit pas spontanément; mais le premier corps venu peut lui servir de noyau, et lorsqu'elle s'est attaquée à un objet, fût-ce un tronc d'arbre ou la plante la plus délicate, elle en fait son prisonnier, accumule autour de lui dépôts sur dépôts, et l'enferme à tout jamais dans une sorte d'écrin calcaire qui se modèle sur l'objet enseveli et se développe indéfiniment. Tandis que ces concrétions se rapprochent et se groupent par suite de cette augmentation de volume, l'objet séquestré se décompose et disparaît en laissant un vide plus ou moins spacieux que tapissent ensuite des suintements sédimentaires. De là, des créations variées, comme celles que nous avons vues se produire dans l'ancien lit de la Saulx.

Il ne serait peut-être pas indifférent à quelques lecteurs de trouver ici une évaluation, même simplement approximative, du nombre d'années éxigé pour la formation successive des dépôts sous lesquels étaient ensevelis nos fossiles; mais l'homme, toujours si audacieux dans ses hypothèses, l'homme hésite et se trouble lorsqu'il se trouve en présence des imposants problèmes posés par la création. Patient parce

qu'il est éternel, le grand ouvrier de l'u-
nivers, l'éternel géomètre, suivant l'ex-
pression de Platon, voit les siècles glisser
dans son inépuisable sablier, plus rapides
mille fois que les secondes dont se compose notre existence éphemère, et ces pé-
riodes immenses, à l'aide desquelles il ac-
complit ses mystérieuses évolutions, ne
s'imposent qu'avec peine à notre esprit,
surtout quand il s'agit de phénomènes
dont nous ne savons et ne saurons jamais
ni le premier ni le dernier mot. L'extinc-
tion des causes déterminantes nous a d'ail-
leurs enlevé ici tous les points de repère.
L'abondance plus ou moins grande des

sédiments apportés par les eaux a pu ac-
célérer ou ralentir dans de notables propor-
tions le travail de *l'alluvium*, et je crain-
drais d'encourir les anathèmes des parti-
sans de la chronologie biblique en plaçant
des cerfs dans le parc de Jeand'heurs à une
époque où notre globe était à peine créé.

Je préfère rester dans les limites que je
me suis assignées. J'ai simplement voulu,
à la faveur de fouilles auxquelles le ha-
sard m'a fait assister, et à l'occasion de fossiles récemment découverts, étudier la
constitution géologique d'un point de la
vallée de la Saulx intéressant à plus d'un

titre ; j'ai essayé en outre d'indiquer, par un premier jalon, la voie où pouvaient être faites des recherches particulières sur un sujet qui se lie à l'histoire naturelle et aux ressources de la contrée. A l'égard des fossiles, ils ont été recueillis avec soin ; ils sont désormais à l'abri de toute mutilation, et les personnes désireuses de les examiner et d'interroger les lieux où ils ont été découverts trouveront dans les maîtres du château de Jeand'heurs un bon vouloir et un empressement que toute la ville de Bar connaît depuis longtemps.

Du reste, les travaux se poursuivent

avec activité, et, jusqu'à leur entier achè-
vement, il sera permis d'espérer que de
nouvelles découvertes viendront augmen-
ter le butin paléontologique de Jean-
d'heurs. L'importante opération accomplie
au prix du déplacement de plus de sept
mille mètres cubes de terre va achever de
transformer cette magnifique résidence qui,
depuis tantôt dix ans, est, de la part de
M. et Madame Rattier, l'objet des soins
les plus actifs et les mieux entendus.
Quelle que soit l'impression laissée dans
l'esprit des visiteurs par la vue de nos fossiles, les pèlerins que la curiosité amènera
dans le « Vallon des Cerfs » n'auront pas

entièrement perdu leurs pas, car, indé-
pendamment d'une récréation scientifique
intéressante, nous ne craignons pas de leur
promettre une délicieuse promenade dans
un des plus beaux parcs de l'ancienne province de Lorraine.

Jeand'heurs, 17 avril 1870.

PARIS. — IMPRIMÉ CHEZ JULES BONAVENTURE,

55, QUAI DES GRANDS-AUGUSTINS.